FORSCHUNGSBERICHT DES LANDES NORDRHEIN-WESTFALEN

Nr. 2705/Fachgruppe Elektrotechnik/Optik

Herausgegeben im Auftrage des Ministerpräsidenten Heinz Kühn
vom Minister für Wissenschaft und Forschung Johannes Rau

Prof. Dr.-Ing. Horst Gad
Fachhochschule Lippe, Lemgo
Labor für Elektronische Bauelemente und Netzwerke

Simulation von Feldeffekttransistoren bei kleinen Drainströmen

Westdeutscher Verlag 1978

```
CIP-Kurztitelaufnahme der Deutschen Bibliothek

Gad, Horst
Simulation von Feldeffekttransistoren bei
kleinen Drainströmen. - 1. Aufl. - Opladen:
Westdeutscher Verlag, 1978.

  (Forschungsberichte des Landes Nordrhein-
  Westfalen; Nr. 2705 : Fachgruppe Elektro-
  technik, Optik)
  ISBN-13: 978-3-531-02705-0      e-ISBN-13: 978-3-322-88393-3
  DOI: 10.1007/978-3-322-88393-3
```


ISBN-13: 978-3-531-02705-0

Inhalt

1. Einführung 5

2. Kennlinien-Modell 5

3. Parameter-Bestimmung 12

4. Übertragungskennlinie 12

5. Anwendung des Modells 12

6. Zusammenfassung 20

7. Literatur 21

8. Anhang 22

1. Einführung

Zur Berechnung von Feldeffekttransistoren stehen eine Vielzahl
von Kennlinienapproximationen [1, 2, 5, 6, 7, 9 bis 19] zur Verfügung. Zu unterscheiden sind physikalisch exakt abgeleitete Modelle und Curve-Fitting-Modelle. Für allgemeine Schaltungsberechnungen sind physikalisch exakte Modelle nur dann anwendbar, wenn
dies in engem Zusammenhang mit der Herstellung des Bauelementes
oder der Schaltung etwa als monolithisch integrierte Schaltung
geschieht. Denn dann stehen auch die notwendigen technologischen
Parameter zur Verfügung. Außerdem werden bereits einfachste Be-
rechnungen bei Verwendung dieser Modelle mathematisch sehr
schnell unübersichtlich. Einschränkungen bzw. Vereinfachungen
führen leicht vom exakten Modell zum Curve-Fitting-Modell. Insbesondere ist dies der Fall, wenn die Parameter des verwendeten
Modells aus dem Klemmenverhalten des Feldeffekttransistors ermittelt werden müssen.

Bei Aussteuerungen im Sättigungsgebiet ist die Übertragungs-
Charakteristik $\sqrt{I_D}(U_{GS}, U_{DS} = \text{const.})$ angenähert eine Gerade. Bei
großen und kleinen Drainströmen ist dieser Zusammenhang nicht ge-
geben. Bei kleinen Drainströmen zeigt die Übertragungs-Charakteristik einen exponentiellen Verlauf. Dieses Kennliniengebiet wird
Subthreshold- oder Weak-Inversion-Bereich genannt. Für den quadratischen Teil sind die Bezeichnungen Threshold- oder Strong-
Inversion-Bereich üblich. Das exponentielle Gebiet und der Zwischenbereich sind im Hinblick auf die Schaltungsberechnungen Ge-
genstand des vorliegenden Beitrags.

Auf die Problematik bei großen Drainströmen ist hier nicht wei-
ter eingegangen.

Ausgehend vom Verhalten des Feldeffekttransistors mit isoliertem
Gate (MOSFET) wird ein neues Kennlinien-Modell im Hinblick auf
schaltungstechnische Anwendungen eingeführt. Experimentell wird
gezeigt, daß dieses neuartige Modell auch beim Sperrschicht-
Feldeffekttransistor eingesetzt werden kann.

Einsatzgebiete des Modells sind beispielsweise Konstantstromquellen und Differenzverstärker.

2. Kennlinien-Modell

Wenn im mittleren Drainstrom-Bereich, beim BFR 29 etwa
$0{,}5 \text{ mA} < I_D < 3 \text{ mA}$, ausgesteuert wird, kann die klassische
Kennliniengleichung

$$I_D = \frac{\beta}{2} (U_{GS} - U_{th})^2_{\text{Sättigung}} \, , \qquad (1)$$

mit den Parametern β und U_{th} bei Aussteuerung im Sättigungsgebiet benutzt werden.

Nach Gl. (1) ist $I_D = 0$ für $U_{GS} = U_{th}$. Dies stimmt nicht mit dem gemessenen Verlauf überein. Für den Subthreshold-Bereich stehen verschiedene Modelle zur Verfügung [5, 10 bis 13, 15 bis 19]. Neben van Overstraeten [18, 19] gibt Swanson [10] ein für Schaltungsberechnungen praktikables Subthreshold-Modell an.

Für den Subthreshold-Bereich gilt nach [10] für den selbstsperrenden n-Kanal-MOSFET (off-n-MOSFET)

$$I_D = \beta_n (n_n \frac{kT}{q})^2 \frac{1}{m_n} \left[1 - e^{(- \frac{m_n}{nn} \frac{q}{kT} U_{DS})} \right] \cdot$$

$$\cdot\, e^{\left[\frac{q}{n_n kT} (U_{GS} - U_{th} - n_n \frac{kT}{q}) \right]} . \tag{2}$$

Es bedeuten:

$I_D > 0$ Drainstrom des off-n-MOSFET

$|\beta_n| = \frac{Z}{L} \mu_n C_{ox}$ material- und geometrieabhängige Konstante

Z Kanalbreite

L Kanallänge

μ_n effektive Elektronenbeweglichkeit im Kanal

C_{ox} flächenbezogene Oxidkapazität

n Index, bezeichnet den n-Kanal-MOSFET

$n_n = \frac{C_d + C_{fs} + C_{ox}}{C_{ox}}$ Kapazitätsfaktor

$C_d = - \frac{dQ_B}{d\phi_S}$ flächenbezogene Depletion-Kapazität

Q_B flächenbezogene Ladung der Depletion-Region

ϕ_S Oberflächenpotential

$C_{fs} = q\, N_{SS}$ flächenbezogene Fast-States-Kapazität

q Betrag der Elementarladung

N_{SS} flächenbezogene Oberflächenzustandsdichte (surface state density)

k Boltzmannkonstante

T Temperatur in Kelvin

$\frac{kT}{q} = U_T \approx 26$ mV   Temperaturspannung bei Raumtemperatur

$m_n = \frac{C_{ox} + C_d}{C_{ox}}$ Kapazitätsfaktor

$U_{DS} > 0$ Drain-Source-Spannung des off-n-MOSFET

U_{GS} Gate-Source-Spannung des off-n-MOSFET

$U_{th} > 0$ Schwellspannung des off-n-MOSFET

$$U_{th} = V_{FB} + 2|\phi_F| + \phi_C + \frac{1}{C_{ox}} \sqrt{2q\varepsilon_s N_A (2|\phi_F| + \phi_C)} \tag{3}$$

V_{FB} Flachbandspannung

ϕ_F Potentialdifferenz zwischen dem Intrin-sic-Niveau (midgap) und dem Fermipoten-tial des Substrats

ϕ_C Quasi-Ferminiveau der Elektronen

ε_s Dielektrizitätskonstante des Halb-leiters

N_A Substratdotierung des off-n-MOSFET

In Anlehnung an Gl. (2) wird ein für Schaltungsberechnungen ge-eignetes Subthreshold-Modell der Form

$$I_D = C_2 \, e^{\left(\frac{U_{GS} - U_{th}}{C_1} + 1\right)} + C_3 \, \Bigg|_{\text{Subthreshold}} \tag{4}$$

eingeführt. Damit gilt allgemein

$$|C_1| = n \, U_T \tag{5}$$

und

$$C_2 = \frac{\beta}{m} \, C_1^{\,2} \left[1 - e^{-m\frac{U_{DS}}{C_1}}\right]. \tag{6}$$

Durch die Vorzeichen der Parameter C_1, C_2, C_3 und U_{th} können die verschiedenen FET-Typen berücksichtigt werden (Abb. 1 und 2).

Der Parameter C_3 repräsentiert einen Anteil des Drainstromes, der nicht von U_{GS} beeinflußt wird. Er liegt in der Größenordnung von 0,1 pA < $|C_3|$ < 1000 pA. Wegen seiner relativen Kleinheit kann meist C_3 gegenüber dem Betriebsstrom I_D vernachlässigt blei-ben.

Die beiden Parameter C_1 und C_2 liegen in der Größenordnung von 30 mV < $|C_1|$ < 100 mV und 1 µA < $|C_2|$ < 50 µA. Die Einflüsse der Parameter C_1 und C_2 lassen sich anschaulich darstellen, wenn der Drainstrom im logarithmischen Maßstab über der Gate-Source-Span-nung im linearen Maßstab aufgetragen wird. Gl. (4) zeigt dann in einem weiten Bereich den Verlauf einer Geraden. Die Abb. 3 und 4 zeigen die Einflüsse von C_1 und C_3 auf die Gerade. Bei $U_{GS} = U_{th}$ liegt ein Drehpunkt der Geraden, in der Abbildung durch ein D gekennzeichnet. C_1 bewirkt bei konstantgehaltenem C_2 eine Drehung der Geraden um den Punkt D_0. Wird dagegen C_1 konstant gehalten, so wird durch C_2 die Gerade parallel verschoben.

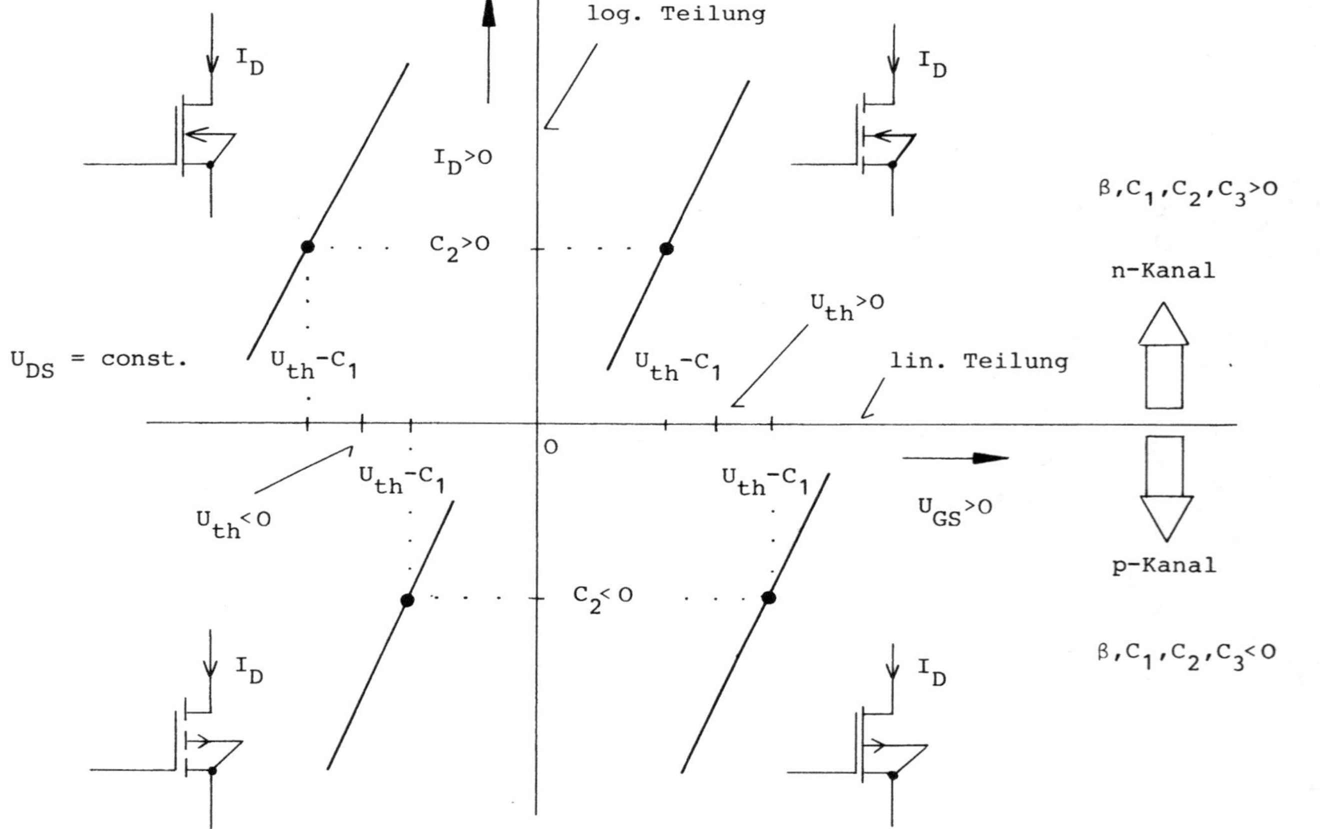

Abb. 1: Übertragungs-Charakteristika
Qualitative Darstellung der Gl. (4) mit Vorzeichen der Parameter für die vier FET-Typen

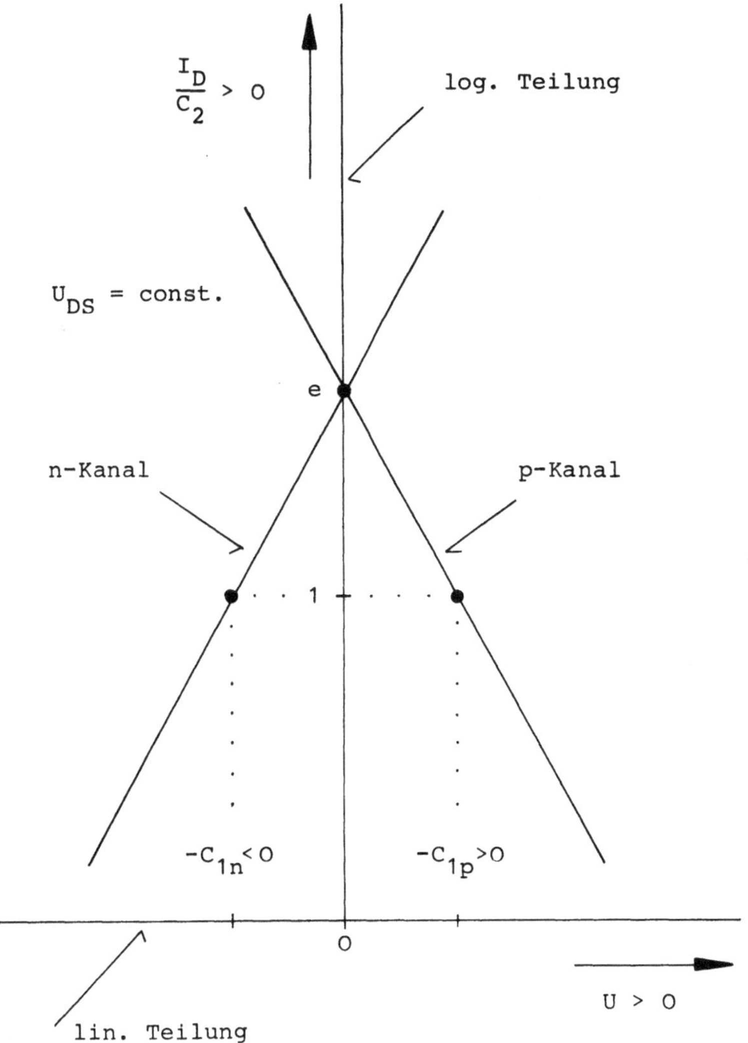

<u>Abb. 2:</u> Prinzipbild zur Bedeutung des Parameters C_1 gemäß Gl. (4)

$U = U_{GS} - U_{th}$

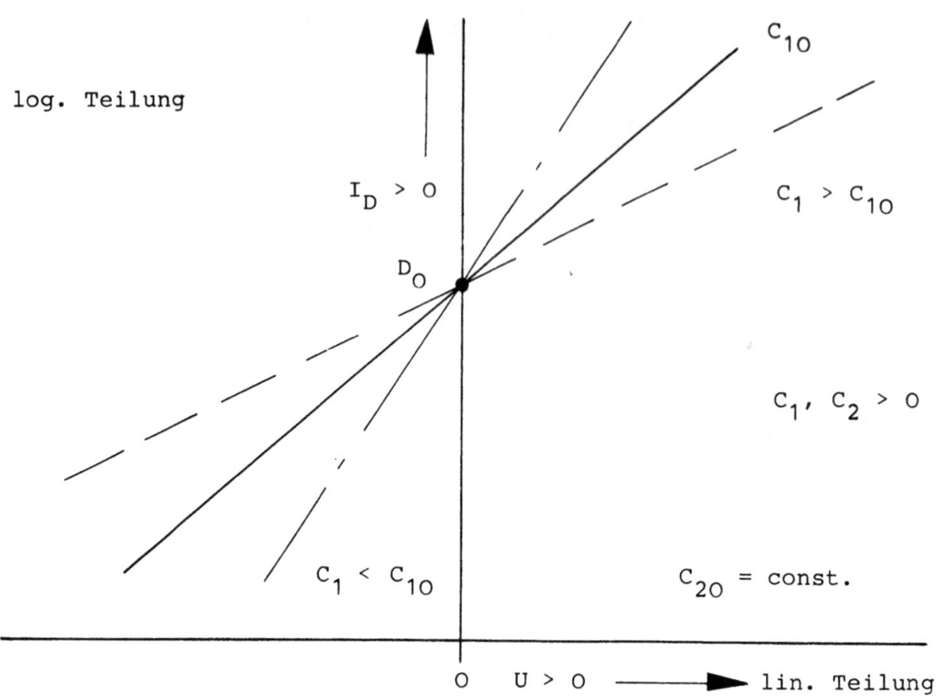

Abb. 3: Einfluß des Parameters C_1 auf die Übertragungs-Charakteristik gemäß Gl. (4) $U = U_{GS} - U_{th}$

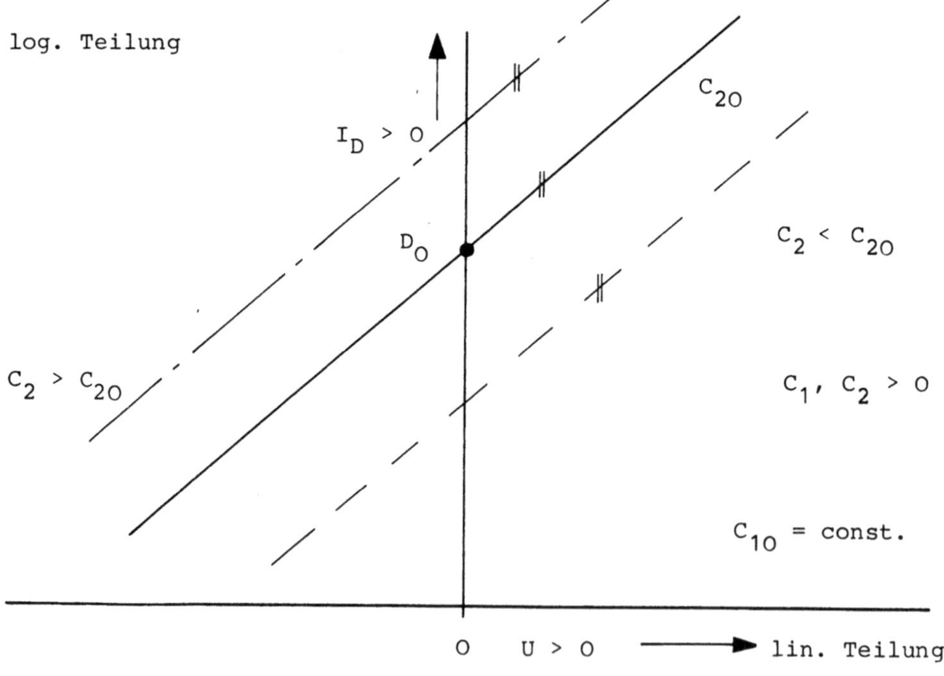

Abb. 4: Einfluß des Parameters C_2 auf die Übertragungs-Charakteristik gemäß Gl. (4) $U = U_{GS} - U_{th}$

Im Rahmen dieser Untersuchungen wird bei einem konstanten U_{DS} gearbeitet, wodurch C_2 dann als Konstante angesehen werden kann.

Eine wesentliche Schwierigkeit besteht darin, einen praktikablen Anschluß von Gl. (1) nach Gl. (4) zu finden. Im Zwischenbereich bewirkt ein U_{GS} Stromanteile beider Effekte. Damit erfordert dies den Ansatz

$$U = U_{GS} - U_{th} = C_1 \left[\left(\ln \frac{I_D - C_3}{C_2} \right) - 1 \right] + \sqrt{\frac{2\,I_D}{\beta}} \Bigg|_{\text{Sättig.}} \tag{7}$$

Abb. 5 zeigt einen typischen Verlauf der Übertragungskennlinie eines on-n-MOSFET.

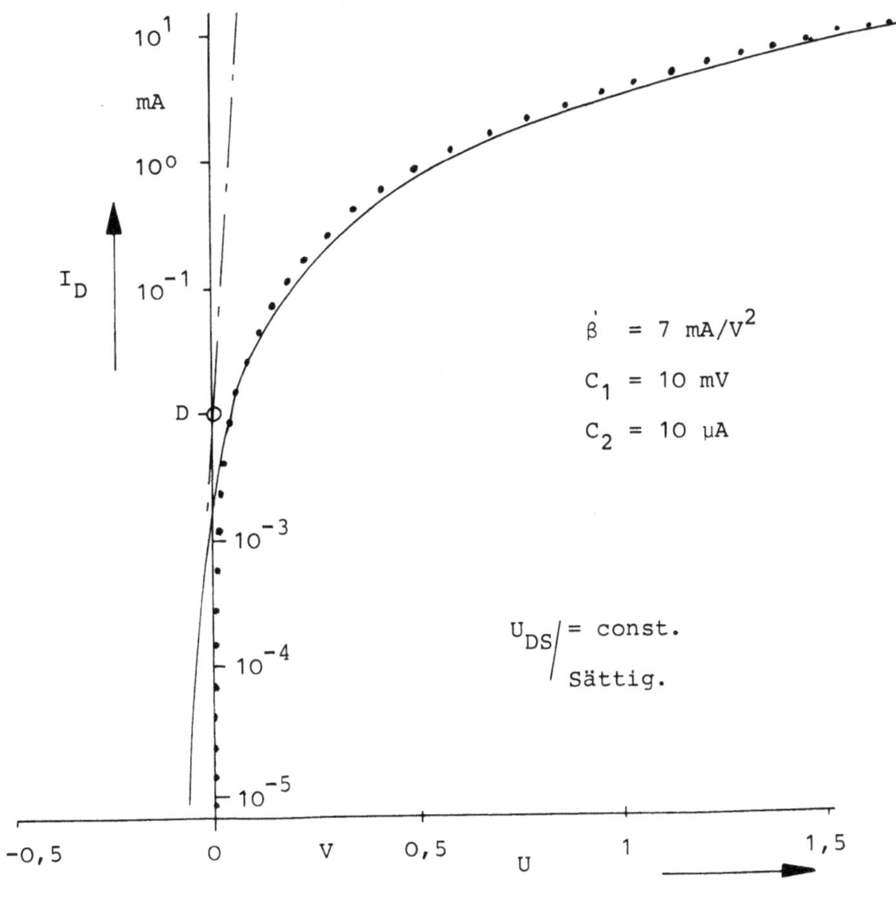

Abb. 5: Typischer prinzipieller Verlauf der Übertragungs-Charakteristik
.... Gl. (1)
— · — · — Gl. (4)
——————— Gl. (7)
D Drehpunkt

3. Parameter-Bestimmung

Die Parameter β und U_{th} werden im quadratischen Bereich der Übertragungs-Charakteristik im Sättigungsgebiet bestimmt. Zweckmäßig
ist die $\sqrt{I_D}$-(U_{GS})-Darstellung (Abb. 6). Mit Hilfe von Gl. (4)
werden die Parameter C_1 und C_2 im exponentiellen Bereich der
Übertragungs-Charakteristik bestimmt.

4. Übertragungskennlinie

Für den on-n-MOSFET BFR 29 wurde ein Parametersatz gemäß Ab-
schnitt 3 ermittelt zu

$$U_{th} = -2,1 \text{ V}, \quad \beta = 6,5 \text{ mA/V}^2, \quad C_1 = 42 \text{ mV und}$$

$$C_2 = 45 \text{ µA}.$$

In Abb. 7 ist der Vergleich zwischen gerechneter und gemessener
Übertragungs-Charakteristik $I_D(U_{GS}, U_{DS} = \text{const.})$ dargestellt.
Die Leistungsfähigkeit dieses neuartigen Modells der Gl. (7) ist
zu erkennen. Die Ströme der beiden Teilbereiche, gekennzeichnet
durch I_{Dexp} und I_{Dq} sind eingetragen. In Abb. 8 ist der Bereich
der Übertragungs-Charakteristik zu erkennen, der bei Verstärkern
oder Konstantstromquellen von wesentlichem Interesse sein kann.
Die klassische quadratische Beschreibung erfaßt allein nicht angenähert das tatsächliche Verhalten des MOSFET.

Das vorgelegte Modell wurde formal auch beim Sperrschicht-FET an-
gewendet. In Abb. 9 sind die Simulationsergebnisse dargestellt.
Eine Theorie zum Sperrschicht-FET wurde in diesem Beitrag nicht
untersucht.

5. Anwendung des Modells

Für die Anwendung des Modells in der Schaltungsberechnung ist die
Kenntnis des Steilheitsverlaufs wesentlich [1, 2, 3, 4, 6, 14].
Aus Gl. (7) folgt die Steilheit zu

$$S = \frac{\partial I_D}{\partial U_{GS}} = \left. \frac{1}{\dfrac{C_1}{I_D - C_3} + \dfrac{1}{\sqrt{2\beta I_D}}} \right|_{\text{Sättig.}} \tag{8}$$

Die Steilheiten der Teilbereiche folgen mit Gl. (4) zu

$$S_{exp} = \frac{I_D - C_3}{C_1} \approx \left. \frac{I_D}{C_1} \right|_{I_D \gg C_3} \tag{9}$$

und mit Gl. (1) zu

$$S_q = \sqrt{2\beta I_D}. \tag{10}$$

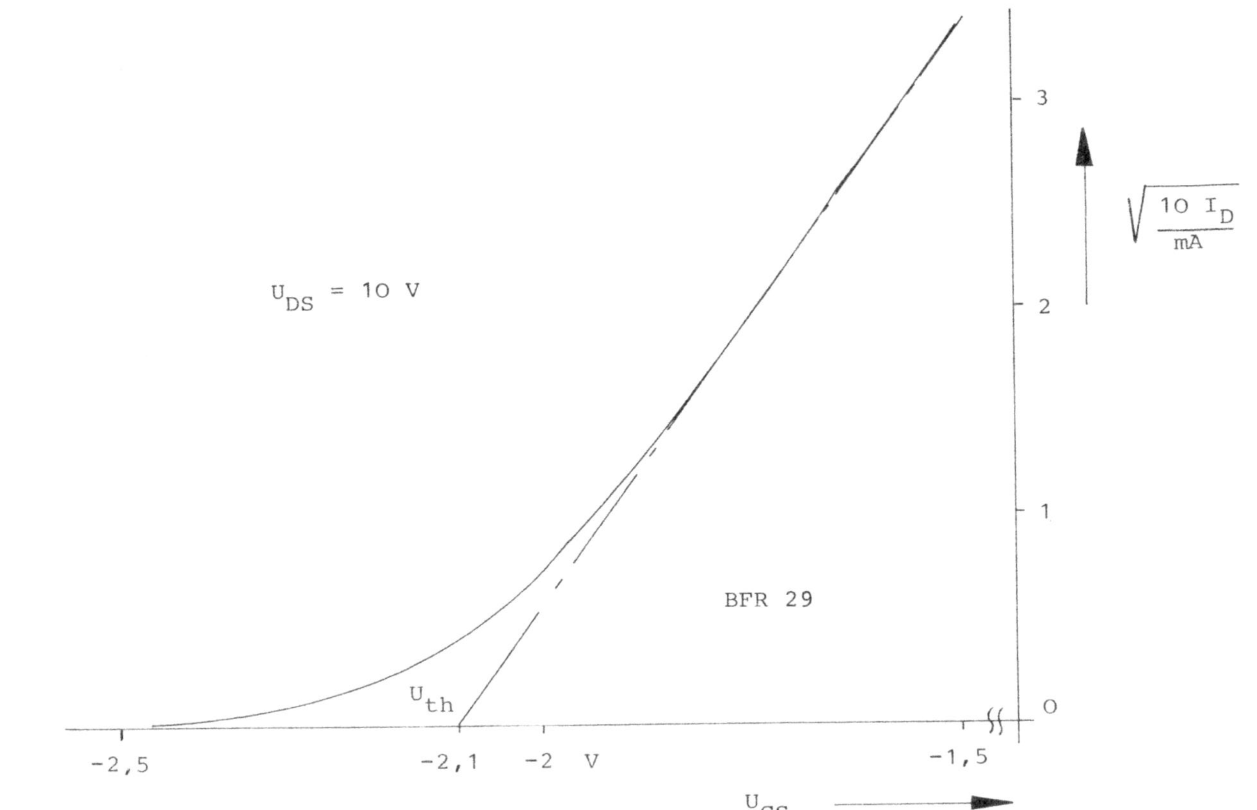

Abb. 6: $\sqrt{I_D}$-U_{GS}-Charakteristik zur Bestimmung der Parameter U_{th} und mit Gl. (1) von β

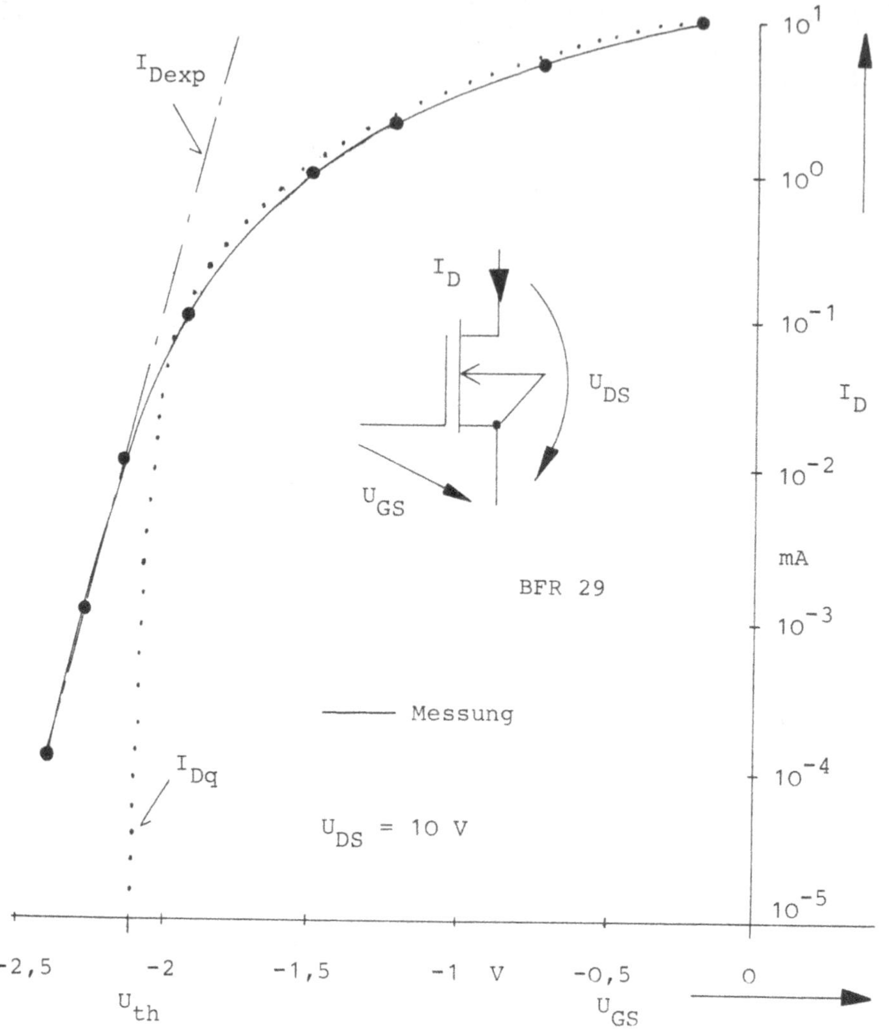

<u>Abb. 7:</u> Übertragungs-Charakteristik
..... Gl. (1), —— - —— - Gl. (4), ● ● ● Gl. (7)
Parameter: $U_{th} = -2,1$ V, $\beta = 6,5$ mA/V^2,
$C_1 = 42$ mV und $C_2 = 45$ µA

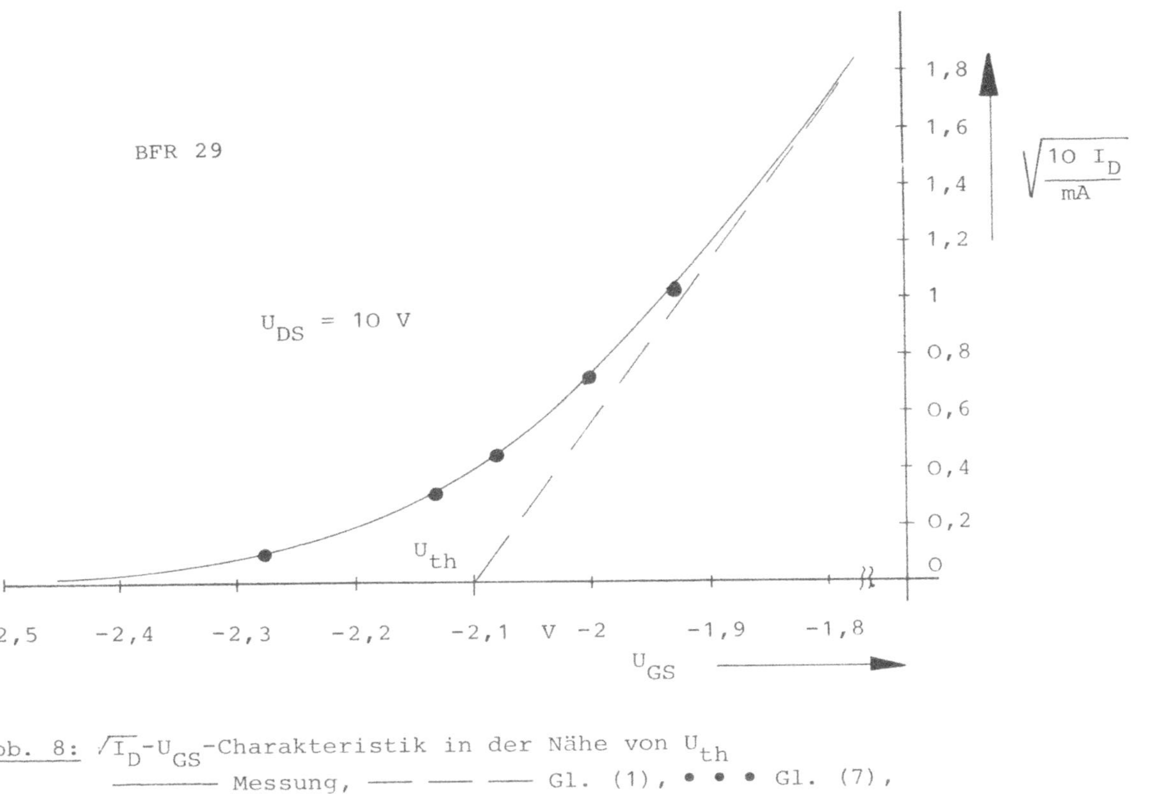

Abb. 8: $\sqrt{I_D}$-U_{GS}-Charakteristik in der Nähe von U_{th}
————— Messung, — — — Gl. (1), ● ● ● Gl. (7),

Parameter nach Abb. 7

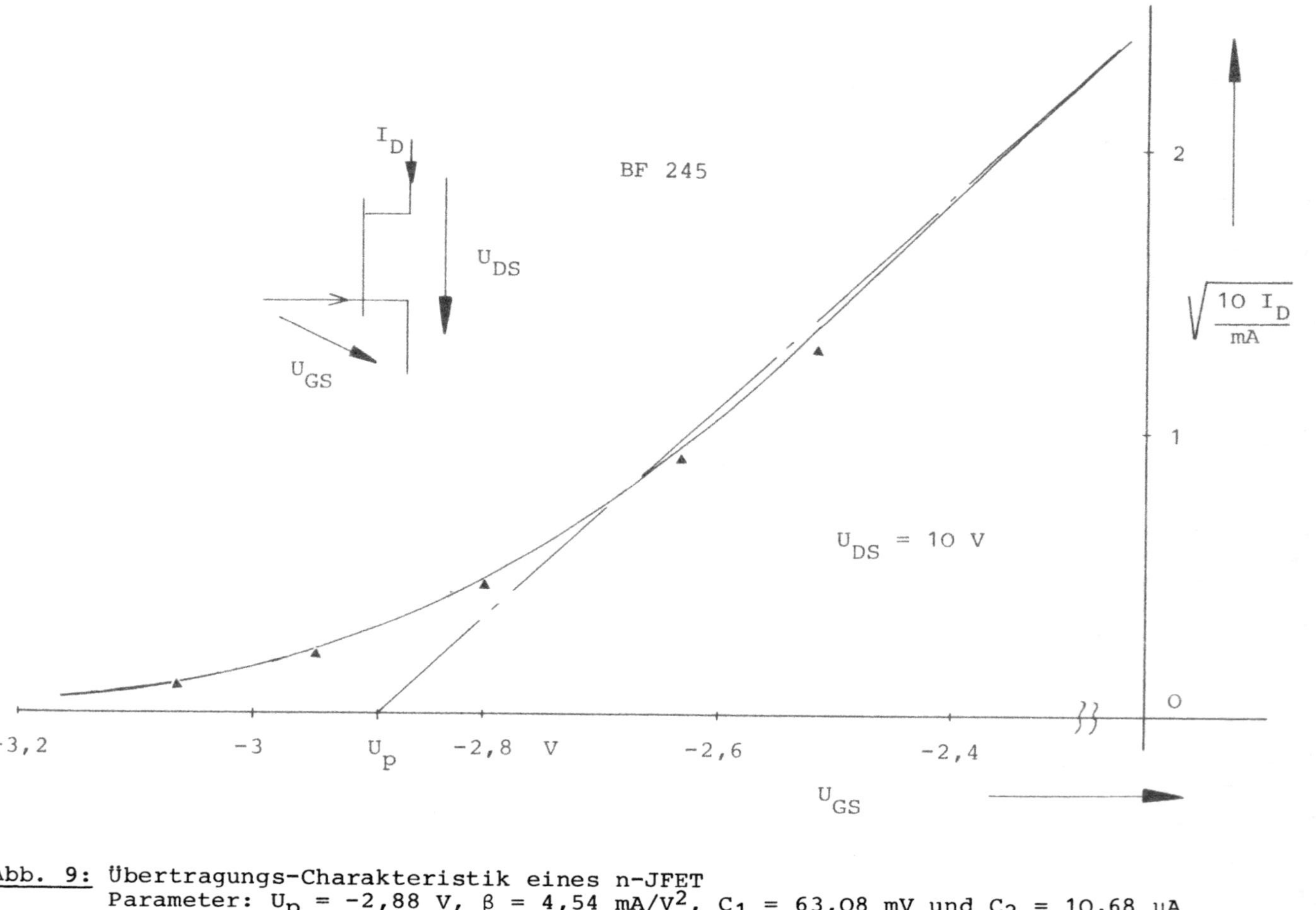

<u>Abb. 9:</u> Übertragungs-Charakteristik eines n-JFET
Parameter: $U_p = -2,88$ V, $\beta = 4,54$ mA/V^2, $C_1 = 63,08$ mV und $C_2 = 10,68$ µA
———— Messung, ——— - ——— - Gl. (1), ▲ ▲ ▲ Gl. (7)

Ein Vergleich zwischen Gl. (8) und den Gl. (9) und (10) erlaubt, Gl. (8) in die Form

$$S = \cfrac{1}{\cfrac{1}{S_{exp}} + \cfrac{1}{S_q}} = \cfrac{S_q}{1 + \cfrac{S_q}{S_{exp}}} \tag{11}$$

zu bringen. In Abb. 10 ist die Übereinstimmung von Gl. (8) bzw. Gl. (11) mit Messungen zu erkennen. Die Parameter β und C_1 können der Steilheitsmessung über die Gl. (9) und (10) entnommen werden. Die auf diese Art ermittelten Parameter stimmen mit denen nach Abschn. 3 überein.

Als Bewertungsgröße, wann allein nur mit dem Subthreshold-Modell oder wann nur mit dem Threshold-Modell, dem klassischen FET-Modell, gerechnet werden kann, dient das Verhältnis I_D/S. In [3] wurde I_D/S als FET-Kenngröße vorgeschlagen, die im Hersteller-Datenblatt angegeben werden sollte. Nach Gl. (8) sind zu unterscheiden

<u>Fall A</u>

$$\frac{I_D}{\sqrt{2\beta I_D}} \ll C_1$$

$$\tag{12}$$

$$S \approx \frac{I_D}{C_1} = S_{exp}$$

und

<u>Fall B</u>

$$\frac{I_D}{\sqrt{2\beta I_D}} \gg C_1$$

$$\tag{13}$$

$$S = \sqrt{2\beta I_D} = S_q.$$

Weiterhin ist zu erkennen, daß die Steilheit keine Funktion des Parameters C_2 ist.

Eine weitere wichtige Kenngröße beim Einsatz des FET ist die relative Drainstrom-Änderung bezogen auf die relative Änderung der Gate-Source-Spannung. Mit den Gl. (8) und (9) folgt

$$\frac{\frac{\Delta I_D}{I_D}}{\frac{\Delta U_{GS}}{-U_{GS}}} = \frac{U_{th} - C_1\left[(\ln\frac{I_D}{C_2}) - 1\right] - \sqrt{\frac{2I_D}{\beta}}}{C_1 + \sqrt{\frac{I_D}{2\beta}}} . \tag{14}$$

In Abb. 11 sind gemessene und gerechnete Werte dieser Funktion eingetragen. Es ist auch hier deutlich die Brauchbarkeit des vorgelegten Modells zu erkennen.

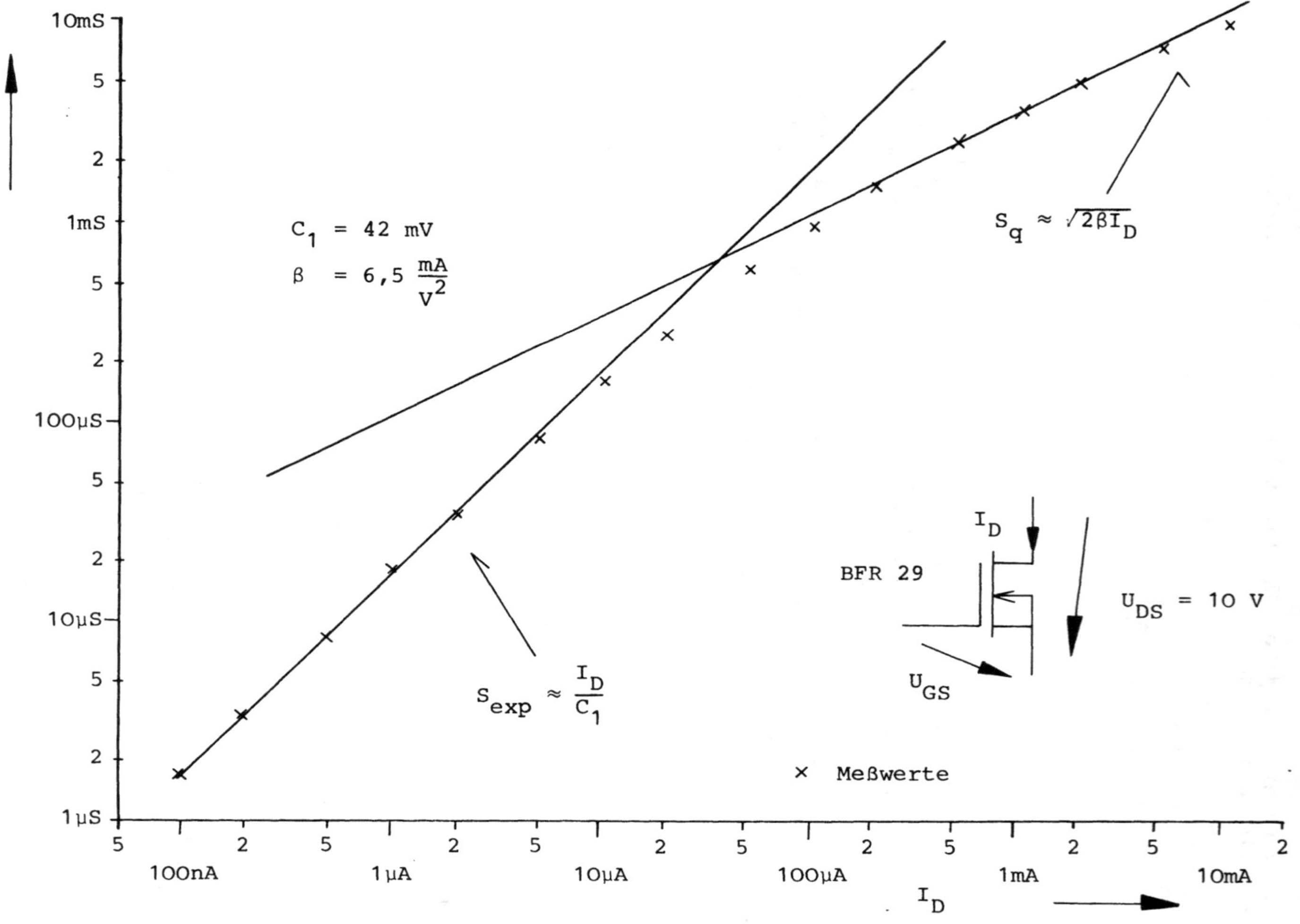

Abb. 10: Steilheit S als Funktion des Drainstromes I_D im Sättigungsgebiet

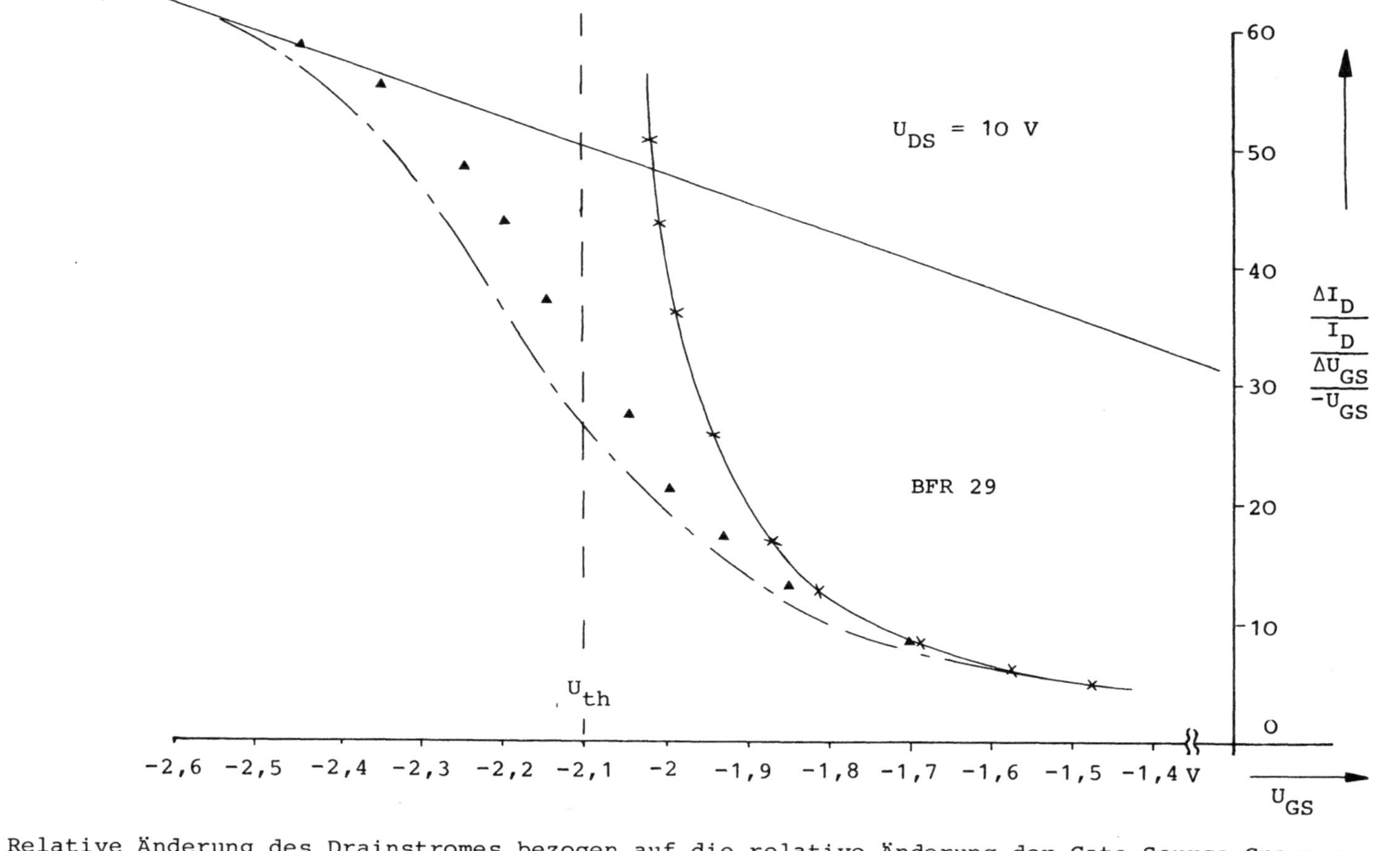

Abb. 11: Relative Änderung des Drainstromes bezogen auf die relative Änderung der Gate-Source-Spannung ▲ ▲ ▲ Messung, —— - —— - Gl. (14), ✶✶✶ quadratische Approximation, —— exponentielle Approximation

6. Zusammenfassung

Der Feldeffekttransistor ist bei kleinen Drainströmen mit der
"quadratischen" Approximation der Übertragungs-Charakteristik
allein nicht beschreibbar. Ausgehend von bekannten MOSFET-Model-
len wird ein neues für Schaltungsberechnungen praktikables Curve-
Fitting-Modell unter Berücksichtigung der FET-Typen angegeben.
Experimentelle Ergebnisse bestätigen die Rechnungen.

Dieses für den MOSFET angegebene Modell ist auch auf den JFET anwendbar.

Das vorgelegte Modell wurde für nicht zu große U_{DS}-Änderungen untersucht. Dies ist für Quasi-Kleinsignalaussteuerung ausreichend.
Auch genügt diese Darstellung für niederohmige Last zwischen
Drain und Source. Im exponentiellen Bereich ist die U_{DS}-Abhängig-
keit über C_2 mit Gl. (6) gegeben. Im quadratischen Bereich genügt
es meist, bei Schaltungsberechnungen ein Drei-Parameter-Modell
nach [9] zu benutzen.

Bei höheren Frequenzen sind die Interelektroden-Kapazitäten zu
berücksichtigen. Grundsätzlich behält aber auch dann das vorgelegte Modell seine Gültigkeit.

7. Literatur

[1] Gad, H.: Probleme beim analogen Schaltungseinsatz von Feldeffekttran-
     sistoren. Vortrag am Institut für Elektronik der Ruhr-Universität
     Bochum. Bochum, 20.1.1977.
[2] Gad, H.: Modelle zur Beschreibung des quasistatischen Analogverhaltens
     von Feldeffekttransistoren für Schaltungsanalysen. Vortrag an der Dis-
     kussionssitzung "Simulation von Transistoren und integrierten Schaltun-
     gen" - Modelle und Verfahren. NTG Fachausschuß 3 "Halbleiter". Darm-
     stadt, 9. bis 11. März 1977.
[3] Barker, R.W.J.: Small-signal subthreshold model for I.G.F.E.T.s.
     Electron. Lett. 12 (1976), 260-262.
[4] Albrecht, H.: Leistungsarme Verstärkerschaltungen. Nachrichtentechnik -
     Elektronik 24 (1974), 403-410.
[5] Barron, M.B.: Low level currents in insulated gate field effect
     transistors. Solid-State Electron. 15 (1972), 293-302.
[6] Mihran, T.G.: A five-parameter model for current and cross modulation
     in field-effect transistors with high drain voltage. IEEE ED-22 (1975),
     982-988.
[7] Johnson, E.O.: The insulated gate field-effect transistor - a bipolar
     transistor in disguise. RCA Rev. 34 (1973), 80-94.
[8] Reh, M.: Multifunktionsgerät: Ingenieur-Arbeit am Labor für Elektroni-
     sche Bauelemente und Netzwerke der FH Lippe, Lemgo 1977.
[9] Gad, H.: Feldeffektelektronik. Teubner, Stuttgart (1976).
[10] Swanson, R.M.; Meindl, J.D.: Ion-implanted complementary MOS transistors
     in low-voltage circuits. IEEE SC-7 (1972), 146-153.
[11] Masuhara, T.; Etoh, J.; Nagata, M.: A precise MOSFET model for low-
     voltage circuits. IEEE ED-21 (1974), 363-371.
[12] Nakahara, M.; Iwasawa, H.; Yasutake, K.: Anomalous enhancement of
     substrate terminal current beyound pinch-off in silicon n-channel MOS
     transistors and its related phenomena. IEEE ED-15 (1968), 2088-2090.
[13] Stuart, R.A.; Eccleston, W.: Leakage current of M.O.S. devices under
     surface-depletion condition. Electronics Letters 8 (1972), 225-227.
[14] Gad, H.; Poorter, T.: Modelling of insulated-gate field-effect
     transistors. Arbeitsgespräch im Labor für Elektronische Bauelemente und
     Netzwerke der FH Lippe, Lemgo 27.5.77 (Prof. T. Poorter, TH Delft).
[15] Troutman, R.R.; Chakravarty, S.N.: Sub-threshold characteristics of in-
     sulated-gate field-effect transistors. IEEE CT-20 (1973), 659-665.
[16] EL-Mansy, Y.A.; Boothroyd, A.R.: A new approach to the theory and
     modeling of insulated-gate field-effect transistors. IEEE ED-24 (1977),
     241-262.
[17] Van Overstraeten, R.J.; Declerck, G.; Broux, G.L.: The influence of
     surface potential fluctuations on the operation of the M.O.S. transistor
     in weak inversion. IEEE ED-20 (1973), 1154-1158.
[18] Van Overstraeten, R.J.; Declerck, G.; Broux, G.L.: Inadequency of the
     classical theory of the MOS transistor operating in weak inversion.
     IEEE ED-20 (1973), 1150-1153.
[19] Van Overstraeten, R.J.; Declerck, G.; Muls, P.A.: Theory of the M.O.S.
     transistor in weak inversion - New method to determine the number of
     surface states. Intern. Electron. Devices Meeting (1973), Washington.

8. Anhang

Im Rahmen dieser Forschungsarbeiten wurde ein Multifunktionsgerät [8] erstellt, mit dessen Hilfe eine Vielzahl von Abhängigkeiten sofort mit einem XY-Schreiber aufgezeichnet werden können. Insbesondere kann die $I_D(U_{GS}, U_{DS} = const.)$-Charakteristik genau und schnell ermittelt werden.

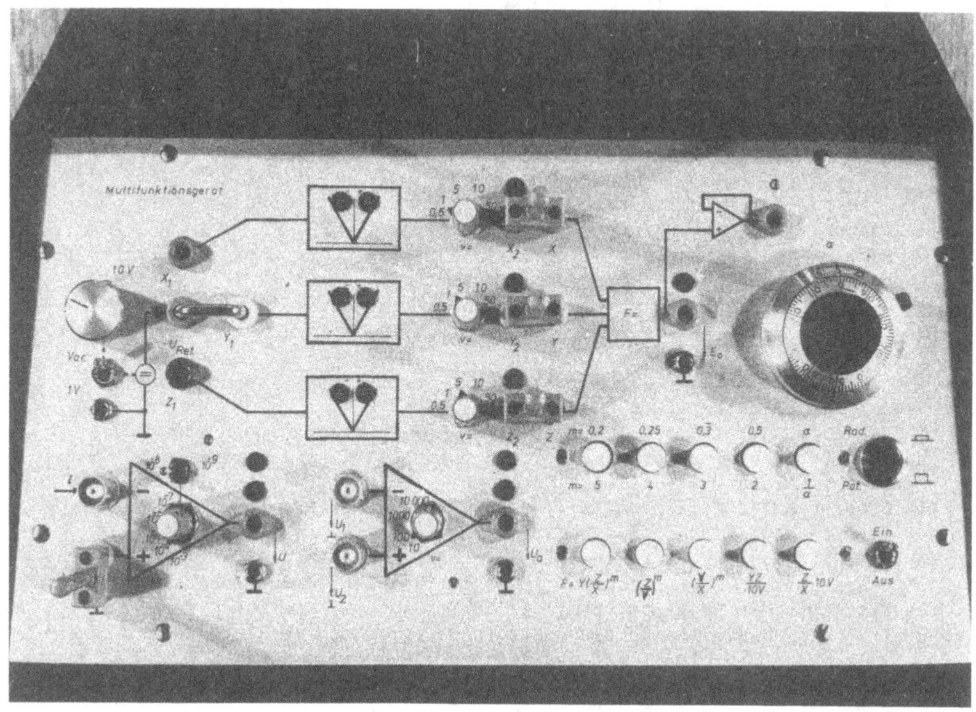

Abb. 12: Geräteansicht des Multifunktionsgerätes

Die prinzipielle Funktion des Gerätes kann der Abb. 12 entnommen werden.

Dem Minister für Wissenschaft und Forschung des Landes Nordrhein-Westfalen sei für die finanzielle Förderung gedankt.

FORSCHUNGSBERICHTE
des Landes Nordrhein-Westfalen

Herausgegeben
im Auftrage des Ministerpräsidenten Heinz Kühn
vom Minister für Wissenschaft und Forschung Johannes Rau

Die „Forschungsberichte des Landes Nordrhein-Westfalen" sind in
zwölf Fachgruppen gegliedert:

Geisteswissenschaften
Wirtschafts- und Sozialwissenschaften
Mathematik / Informatik
Physik / Chemie / Biologie
Medizin
Umwelt / Verkehr
Bau / Steine / Erden
Bergbau / Energie
Elektrotechnik / Optik
Maschinenbau / Verfahrenstechnik
Hüttenwesen / Werkstoffkunde
Textilforschung

Die Neuerscheinungen in einer Fachgruppe können im Abonnement
zum ermäßigten Serienpreis bezogen werden. Sie verpflichten sich
durch das Abonnement einer Fachgruppe nicht zur Abnahme einer
bestimmten Anzahl Neuerscheinungen, da Sie jeweils unter
Einhaltung einer Frist von 4 Wochen kündigen können.

WESTDEUTSCHER VERLAG
5090 Leverkusen 3 · Postfach 300 620

GPSR Compliance
The European Union's (EU) General Product Safety Regulation (GPSR) is a set
of rules that requires consumer products to be safe and our obligations to
ensure this.

If you have any concerns about our products, you can contact us on

ProductSafety@springernature.com

In case Publisher is established outside the EU, the EU authorized
representative is:

Springer Nature Customer Service Center GmbH
Europaplatz 3
69115 Heidelberg, Germany

www.ingramcontent.com/pod-product-compliance
Lightning Source LLC
LaVergne TN
LVHW051341200726
843510LV00002B/752